料理男子的幸福餐桌

84道各國創意料理，
豐盛美好的生活提案

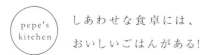

pepe ／著

林育萱 —— 譯

pepe's kitchen

しあわせな食卓には、
おいしいごはんがある！

Welcome to
pepe's kitchen

我想打造一個讓吃的人感覺愉悅開心
的餐桌。

這是我每天做料理時的原則。有時為
了自己而做菜，有時則為了招待前來
做客的朋友而張羅料理。

做出美味的料理便會感到喜悅，若料
理外觀精緻美麗，心情更是雀躍。透
過這本書，我將自己曾做過的「幸福
料理」集結成冊，介紹給各位。

做出你想品嘗的料理，
今天也是幸福餐桌的起點。

○ ○ ○　　　　　　　　　　　IG：pepe 39

PART 1

好想學會！
蔬菜料理

——

PART 2

想大口咬下！
肉類料理

——

CONTENTS

製作食譜前

- 關於食材單位，1 杯 =200ml（200cc）、1 小匙 =5ml（5cc）。
- 微波爐的瓦數為 600W。
- 食譜中的分量以及料理時間可依狀況適量調整。
- 料理上用於裝飾的食材可能未寫於食譜中，可依喜好自行追加。
- 蔬菜類食材若沒有特別指定的處理方式，食譜當中都省略清洗、去皮等事前準備步驟。
- 關於火候，若沒有特別敘述，皆以中火來料理。

PART 3
一天辛苦了！
分量滿滿料理

———

PART 4
快速完成的
小酌下酒菜

———

PART 5
假日的
奢華早餐

———

PART
1

好想學會！蔬菜料理

從沙拉、湯品到熱炒類。
活用蔬菜的鮮豔色彩，
做出視覺效果滿分的料理。

南瓜湯
PUMPKIN SOUP

材 料

(2 人份)

———

南瓜⋯½顆	牛奶、高湯⋯各 2 杯
洋蔥⋯½顆	鹽、胡椒⋯各少許
馬鈴薯⋯1 顆	奶油⋯1 大匙

做 法

———

1. 平底鍋中放入奶油熱鍋,翻炒事先切好的洋蔥末。

2. 將已去除外皮的南瓜與馬鈴薯切成適口大小。南瓜以微波爐加熱 1 分
   30 秒後放入食物調理機當中,倒入半量的 1 與 1 杯高湯。一邊攪拌
   的同時一邊倒入 1 杯牛奶,打成滑順泥狀,再以鹽、胡椒調味。

3. 馬鈴薯以微波爐加熱 1 分鐘後,將稍微變軟的馬鈴薯放入食物調理機
   中,倒入剩下的 1 與高湯。一邊加入牛奶一邊攪打成泥狀。再以鹽、
   胡椒調味。

4. 將 2 倒入深盤中,把 3 緩緩倒進盤子中央。

POINT
運用牙籤或尖叉在上頭畫出大理石花紋,看起來更加華麗。

培根彩椒鹹派

BACON AND
PAPRIKA QUICHE

材 料

(2 人份)

培根（塊狀）…1 塊

彩椒（紅）…½ 個

洋蔥…½ 顆

大蒜（磨成泥狀）…1 瓣的量

派皮（市售）…1 片

雞蛋…2 顆

鹽、胡椒、披薩用的乳酪…各適量

橄欖油…少許

做 法

---

1. 將培根與彩椒切為 1 公分見方的丁狀。洋蔥切細末。

2. 平底鍋倒入橄欖油熱鍋，翻炒大蒜及洋蔥。待洋蔥炒熟，放入培根，翻炒至呈現焦色。以鹽、胡椒調味。

3. 在派盤當中鋪上派皮，倒入 2，在打散的蛋液中加入牛奶後，倒入派盤中。

4. 滿滿灑上披薩用的乳酪，直到看不見派盤中的食材，最後再放上彩椒。

5. 將派盤放入預熱 180℃ 的烤箱烤 20 分鐘即完成。

> **POINT**
> 無論在這道鹹派當中放入何種蔬菜都一樣很美味。
> 只要有彩椒，便顯得色彩鮮豔。

葡萄柚菠菜沙拉

GRAPEFRUIT AND SPINACH SALAD

材料

（2 人份）

葡萄柚（紅）⋯1 顆　　　　大蒜（片狀）⋯1 瓣的量

用於沙拉的菠菜⋯1 把　　　麵包丁⋯1 大匙

培根（塊狀）⋯50 公克　　黑橄欖（片狀）⋯1 顆的量

蘑菇⋯2 朵　　　　　　　　鹽、胡椒、檸檬汁⋯各少許

　　　　　　　　　　　　　橄欖油⋯1 大匙

做法

1. 葡萄柚剖半，將果肉挖空，使外皮呈現碗狀。剝除果肉表面的白色薄膜，切為 1 公分寬。

2. 將培根切為 1 公分見方的丁狀，蘑菇切為 0.3 公分的薄片，菠菜切為適口大小。

3. 平底鍋倒入橄欖油熱鍋，放入大蒜與培根，翻炒至熟透。

4. 在大碗中放入菠菜、蘑菇、1 的果肉、3，攪拌均勻。以檸檬汁、鹽、胡椒調味。

5. 將 4 放入葡萄柚果皮當中，以麵包丁裝飾，再淋上橄欖油。

POINT

整顆葡萄柚連皮帶果肉完成這道沙拉，看來飽含水分，十分美味。

材 料

（2 人份）

———

紫薯…1 個　　　　　水、鮮奶油…各 1 杯

馬鈴薯…1 個　　　　鹽、胡椒…各少許

洋蔥…½ 顆　　　　　奶油…1 大匙

高湯…2 杯

做 法

———

1. 平底鍋倒入奶油熱鍋，放入切為碎末狀的洋蔥翻炒。

2. 將切為適口大小的紫薯與馬鈴薯放入微波爐中，加熱 1 分鐘。

3. 將紫薯放入食物調理機中攪拌，倒入半量的 1 及 1 杯高湯。一邊倒入
   冷開水一邊攪打至滑順泥狀，以鹽、胡椒調味後，倒入其他容器裡。

4. 將馬鈴薯放入食物調理機，倒入剩下一半的 1 與高湯。一邊加進鮮奶油
   一邊攪打至滑順泥狀，再以鹽、胡椒調味。

5. 將 3 倒入湯皿中，再緩緩把 4 倒進中央。重複此步驟，形成漂亮的圖案。

> POINT
> 在紫薯中，不加入鮮奶油而以水取代的話，湯的顏色會是更鮮豔的紫色。

山茼蒿西班牙烘蛋
SPANISH OMELET

材 料

（2 人份）

———

山茼蒿…1 把
洋蔥…1 顆
培根（塊狀）…100 公克
大蒜（切成碎末狀）…$^3/_4$ 瓣的量
雞蛋…5 顆

A｜
酸奶油（sour cream）…4 大匙
羅勒…5 片
大蒜（磨成泥狀）…$^1/_4$ 瓣的量
洋蔥（磨成泥狀）…少許

鹽…少許
橄欖油…1 大匙

做 法

———

1.　將洋蔥與培根切為 1 公分見方的丁狀，山茼蒿切為 3 公分長。

2.　在小鍋當中倒入橄欖油熱鍋，放入大蒜、1 翻炒至熟透。

3.　在 2 當中加入打散的蛋液，與鍋中食材拌炒均勻。待蛋開始凝固便關火，將整個鍋子放進預熱 180℃的烤箱，烤 20 分鐘。

4.　把 A 倒入食物調理機中，攪打至滑順狀。以鹽調味。

5.　待 3 靜置稍涼後便可盛盤，佐以 4 一同食用。

<u>POINT</u>
這道料理使用了冰箱裡剩下的山茼蒿。雖然是日式
料理的食材，卻意外地與西班牙烘蛋超搭！

胡蘿蔔緞帶沙拉

CARROT SALAD

材 料

（2 人份）

————

胡蘿蔔…1 根

鹽…少許

A　┌ 柑橘果醬、葡萄酒醋…各 1 大匙
　　│ 孜然粉、鹽、胡椒…各少許
　　└ 橄欖油…1 大匙

做 法

————

1.　將胡蘿蔔以削皮刀削為緞帶狀的長薄片。

　　加入鹽（不包含在材料份量內）搓揉，靜置 30 分鐘。

2.　瀝乾水分，加入 A 調味，再以繞圈方式淋上橄欖油。

> **POINT**
> 比起一般切為絲狀的胡蘿蔔沙拉，切為緞帶狀能享
> 受到不一樣的口感。

青豆蒔蘿乳酪沙拉

BEAN, DILL AND CHEESE SALAD

材料

（2 人份）

依喜好選擇豆子（菜豆、豌豆、荷蘭豆等等）…適量

依喜好選擇乳酪（茅屋乳酪、帕瑪森乳酪等等）…適量

蒔蘿（可省略）…少許

鹽、胡椒…各少許

檸檬汁…適量

橄欖油…2 小匙

做法

---

1. 將豆子放入煮沸的熱水當中焯燙，煮至個人喜好的熟度。

2. 把豆子撈起並瀝乾水分後盛盤，隨興灑上乳酪、蒔蘿，
   以鹽、胡椒、檸檬汁調味，再以繞圈方式淋上橄欖油。

POINT

使用簡單的灰色或黑色的盤子，更能凸顯豆子的鮮綠。

番茄冷盤

TOMATO CARPACCIO

材 料

（2 人份）

依喜好選擇番茄（綠色、黃色、橘色、迷你小番茄等等）…適量
茅屋乳酪…適量
鹽、檸檬汁…各少許
橄欖油…1 小匙

做 法

1. 將番茄切為 0.5 公分厚的片狀。茅屋乳酪分為小塊狀。

2. 盛盤，隨興灑上乳酪。

3. 淋上橄欖油，再以鹽、檸檬汁調味。

> **POINT**
> 這是一道簡單的料理，因此食材的選擇是決定味道的關鍵。建議使用海鹽。

豌豆濃湯

GREEN PEA POTAGE

材 料

（2 人份）

豌豆…1 又 ¼ 杯　　　檸檬皮（可省略）…少許

洋蔥…½ 顆　　　　　薄荷葉（可省略）…少許

水…適量　　　　　　鹽、胡椒…各少許

高湯…4 杯　　　　　奶油…3 大匙

做 法

1.　平底鍋中放入奶油加熱，加入切細碎的洋蔥末翻炒。

2.　湯鍋煮沸熱水（不包含在材料份量內），焯燙豌豆。將燙好的豌豆與 1 放入食物調理機中，一邊加入適量的水，一邊打成滑順泥狀。移至其他容器，以高湯、鹽、胡椒調味後，放入冰箱冷藏。

3.　將湯倒入湯皿中，削些檸檬皮、放上薄荷葉裝飾。

POINT
未加入鮮奶油，因此口味較清爽。

茄子淋腰果醬

EGGPLANT WITH CASHEW CREAM

材料

（2 人份）

———

茄子…1 根　　　　葡萄酒醋…3 大匙

紫洋蔥…1 顆　　　　蜂蜜…1 小匙

生腰果…1 杯　　　　鹽、胡椒…各少許

葡萄籽油…適量

做 法

———

1. 腰果浸泡水中（不包含在材料份量內），靜置一晚。

2. 將腰果放入食物調理機中，倒入葡萄籽油，大約是稍稍淹過腰果的油量（最上層的腰果稍微露出油面）。加入蜂蜜、鹽、胡椒、葡萄酒醋，攪打成滑順泥狀。

3. 將茄子、紫洋蔥切為 0.5 公分厚的片狀。盛盤後，再淋上 2。

POINT
可以將腰果醬塗抹在三明治上，也可用於沙拉。

羅馬花椰菜溫沙拉

WARM ROMANESCO
AND CAULFLOWER SALAD

材料

（2 人份）

───

羅馬花椰菜（一般的綠花椰菜也可以）…1 顆

白花椰菜…1 顆

大蒜（切為薄片）…2 瓣的量

鯷魚（切碎）…2 片

辣椒…1 根

鹽…少許

橄欖油…1 大匙

做法

───

1. 湯鍋煮沸熱水（不包含在材料份量內），加入鹽，花椰菜切為適口大小後下鍋汆燙。煮軟後撈起瀝乾水分。

2. 平底鍋中倒入橄欖油加熱，翻炒大蒜、鯷魚、辣椒。

3. 待大蒜炒至呈現焦色，放入 1，翻動平底鍋將食材拌勻即完成。

淺漬綜合蔬菜
PICKLED VEGETABLES

（2 人份）

———

彩椒（紅、黃）…各 1 個

櫛瓜…1 根

茄子…1 根

洋蔥…1 顆

大蒜（磨成泥狀）…1 瓣的量

葡萄酒醋…適量

蜂蜜…1 大匙

依喜好選擇香草（迷迭香、月桂葉、百里香等等）…適量

鹽…少許

做 法

———

1. 將彩椒、櫛瓜、茄子、洋蔥切為 1 公分見方的丁狀。

2. 鍋中放入大蒜與 1 稍微拌炒，但不要燒焦。

3. 倒入葡萄酒醋，大約是稍稍淹過食材的量。
   再加入蜂蜜、香草，煮至食材熟透。以鹽調味。

4. 關火並蓋上鍋蓋靜置，直到食材呈現你喜歡的硬度。
   移至保存容器中，放進冰箱冷藏一晚。

新鮮蘑菇沙拉

FRESH MUSHROOM SALAD

材料

（2人份）

褐色蘑菇…10 朵

番茄…2 顆

大蒜（切為薄片）…1 瓣的量

鯷魚（切碎）…2 片

辣椒…1 根

鹽、檸檬汁、義大利香芹…各少許

橄欖油…3 大匙

做法

---

1. 將蘑菇切為 0.3 公分厚的薄片。將番茄切為 1 公分見方的丁狀。

2. 平底鍋倒入橄欖油加熱，翻炒大蒜、鯷魚、辣椒。炒至大蒜呈現焦色。

3. 將 1 盛盤，以繞圈方式淋上 2。以鹽、檸檬汁調味，再灑上切碎的義大利香芹。

> POINT
> 以生食方式享用新鮮蘑菇，能夠品嘗到蘑菇原本的香氣。

番茄小扁豆湯

TOMATO AND LENTIL SOUP

材料

（2人份）

大蒜…1 瓣
洋蔥…½ 顆
培根…2 片
番茄…1 顆

小扁豆（去皮）…1 又 ¼ 杯
水…2 杯
鹽、胡椒、義大利香芹…各少許
橄欖油…1 大匙

做法

1.　以菜刀刀面拍碎大蒜。將洋蔥、培根切為碎末狀，
　　番茄切為 1 公分見方的丁狀。

2.　平底鍋倒入橄欖油加熱，翻炒大蒜。待炒出香味後，
　　放入洋蔥、培根翻炒至熟透。

3.　小扁豆放入鍋中，加入等量的水燉煮。待煮軟後，
　　再加入番茄稍微燉煮一下，以鹽、胡椒調味。

4.　盛盤，放上香芹裝飾。

蘆筍佐羅勒醬汁

ASPARAGUS WITH BASIL SAUCE

材 料

（2 人份）

――――

蘆筍…12 根

羅勒…1 把

雞蛋…2 顆

A ┌ 帕瑪森乳酪…2 大匙

  │ 橄欖油…$\frac{1}{2}$ 杯

  └ 大蒜（磨成泥狀）…1 瓣的量

    鹽…適量

    醋…少許

做 法

――――

1. 將 A 放入食物調理機中，攪打成滑順泥狀。
   放入大部分的羅勒，留下一點待用。以鹽、醋調味。

2. 湯鍋煮沸熱水，焯燙蘆筍至煮軟。

3. 取另一個鍋子煮沸熱水，小心地將蛋打入鍋中。
   待蛋開始凝固，便撈起。

4. 將 1 盛盤，再放上 2 與 3。
   取剩下的羅勒切細碎，灑在上頭裝飾。

西班牙番茄桃子冷湯

TOMATO AND PEACH GAZPACHO

材料

（2 人份）

番茄…3 顆

桃子…1 顆

洋蔥…½ 顆

A ┌ 大蒜（磨成泥狀）…2 瓣的量
  │ 蜂蜜…1 小匙
  └ 巴薩米克醋…1 大匙

檸檬汁…適量

鹽、胡椒…各少許

牛至葉、孜然粉、辣椒…各適量

水煮過的藜麥（可省略）…2 小匙

做法

1. 桃子與番茄不須去皮，放入預熱 220℃的烤箱中烤 40 分鐘。

2. 烤好後將皮剝除，放入食物調理機中，再放入切為適口大小的洋蔥與 A，攪打成滑順泥狀。以檸檬汁、鹽、胡椒調味。可依個人喜好放入牛至葉、孜然粉、辣椒。

3. 將打好的冷湯倒入容器中，放入冰箱冷藏，在杯子中放入藜麥，再將湯倒入杯中即可食用。

酪梨鷹嘴豆泥

AVOCADO HUMMUS

材料

（2 人份）

A
- 酪梨…1 顆
- 水煮過的鷹嘴豆…250 公克
- 大蒜…1 瓣
- 芝麻醬…1 大匙
- 孜然粉、檸檬汁…各少許

- 水煮鷹嘴豆的湯汁…適量
- 墨西哥玉米餅（市售）…2 片
- 鹽…少許
- 橄欖油…1 大匙

做法

1. 將 A 放入食物調理機中，攪打成滑順泥狀。若不夠濕潤，
    加入水煮鷹嘴豆的湯汁。以鹽調味。

2. 盛盤，將橄欖油倒入中央。
    再將切為八等份的墨西哥玉米餅裝飾在盤邊即完成。

裝點
餐桌的餐具

為各位介紹在我家餐桌上不可或缺的愛用餐具。
美麗的外型設計讓拍攝的照片畫面更好看。

cutipol GOA 叉匙組

讓照片呈現出摩登風味。我特別喜歡黑色款。
／購自 SEMPRE 青山店 ※ 青山店未販售左款與
中間款。

骨董叉匙組

在倫敦的骨董市場裡購入。能夠營造出無法言
喻的復古氛圍。／作者個人物品

灰色與黑色的餐盤

很有男子料理的風格，高雅時尚的灰色與黑色餐盤。／上：「WurtzForm PLATE」購自 ARIGATO GIVING ／ 中：「Jars Celeste 系列晚餐盤」購自 Cherry Terrace 商店／下：「Hoganas Keramik 20 公分盤　石墨灰」購自 SCANDEX

砧板

想打造休閒氣氛時的必需品。木紋會賦予照片深度及變化，打造出不單調的美感。／前、後：「砧板」購自 M.SAITo Wood WoRKS、中：「El Arte del Olivo」購自 Zakkaworks

PART
2

想大口咬下！肉類料理

讓餐桌氣氛更熱烈的肉類料理。
想好好犒賞自己、或是招待客人
時都能派上用場的一道菜。

柳橙肉桂燉雞肉

CHICKEN STEW WITH
ORANGE AND CINNAMON

材料
（2 人份）

雞腿（帶骨）…2 支
洋蔥…1 顆
大蒜…3 瓣

A ┌ 柳橙汁、白酒、高湯…各 $\frac{1}{2}$ 杯
　├ 杏仁粉…100 公克
　└ 肉桂棒…1 根
　　柳橙…2 顆
　　義大利香芹…適量
　　鹽…少許

做法

1. 將洋蔥、2瓣大蒜放入食物調理機中，攪打成滑順泥狀。
放入平底鍋中加熱，炒至呈現焦糖色後取出。

2. 2支雞腿各自切為三等份。將雞腿與剩下的大蒜放入鍋中，
炒至表面呈現焦糖色。

3. 把1與A放入2的鍋中，燉煮至肉質變軟，用鹽調味。
再放入切為薄片的柳橙稍微煮一下。

4. 盛盤，擺上義大利香芹裝飾。

POINT
因為使用帶骨雞腿，燉煮過程中熬出的高湯讓味道更濃厚。

黑啤酒燉肉丸

MEATBALL AND
BLACK BEER STEW

（2 人份）

———

洋蔥…2 顆　　　　　　　　　　鴻禧菇…1 包

大蒜…1 瓣　　　　　　　　　　香菇…2 朵

牛絞肉…300 公克　　　　　　　蜂蜜…1 大匙

生麵包粉（未經烘烤）…$\frac{1}{2}$ 杯　　黑啤酒…適量

A　雞蛋…1 顆　　　　　　　　　鹽、胡椒、醬油…各適量

鹽、胡椒、綜合香料…各少許　　橄欖油…適量

做 法

———

1. 將洋蔥、大蒜切為碎末狀，放入食物調理機中，攪打成滑順泥狀。
   平底鍋倒入橄欖油加熱，炒至呈現焦糖色後取出。

2. 在大碗中放入牛肉與 A，揉捏至出現黏性，再捏成直徑約 4 公分的
   肉丸。

3. 鍋中倒入橄欖油加熱，把肉丸放入鍋中煎。待表面呈現焦色，放入
   已除去菇柄前端部分且撕散的鴻禧菇、切為四等份的香菇、蜂蜜，
   再倒入黑啤酒，大約是稍稍淹過所有食材的量，燉煮食材。待肉煮
   熟，以鹽、胡椒、醬油調味。

烤蕪菁牛肉派

BEEF POT PIE

材料

（2人份）

小蕪菁…3顆

馬鈴薯…2顆

胡蘿蔔…1根

洋蔥…1顆

大蒜…1瓣

牛腿肉（塊狀）…300公克

紅酒、高湯…各 $\frac{1}{2}$ 杯

鹽、胡椒、芝麻…各少許

派皮（市售）…1片

橄欖油…適量

做法

1. 將小蕪菁切為六等份，馬鈴薯、胡蘿蔔、洋蔥、大蒜切為碎末狀。平底鍋倒入橄欖油加熱，炒至呈現焦糖色後取出。

2. 將1盛入容器中，在稍微洗過的平底鍋中放入切為適口大小的牛肉，將表面煎至呈現焦色。牛肉放入深鍋，再倒入紅酒與高湯稍微燉煮一下。再放入1燉煮約2小時，以鹽、胡椒調味。

3. 將2盛入耐熱器皿，蓋上派皮。放入預熱200℃的烤箱中烤20分鐘。最後灑上芝麻即完成。

POINT
使用琺瑯烤盅，營造出有如坐在倫敦酒吧享用料理的氣氛。

材料

（2 人份）

洋蔥…2 顆

大蒜…2 瓣

雞腿肉…300 公克

紅酒…$^3/_4$ 杯

高湯…1 杯

水…適量

番茄泥（Tomato puree）…3 大匙

蘑菇…6 朵

鴻禧菇…1 包

月桂葉…1 片

迷迭香…1 根

鹽、胡椒、麵粉…各適量

橄欖油…適量

做法

---

1. 將洋蔥與大蒜切為碎末狀，放入食物調理機中，攪打成滑順泥狀。
   鍋中倒入橄欖油加熱，炒至呈現焦糖色。

2. 在雞肉上灑鹽、胡椒，均勻抹上麵粉。平底鍋中倒入橄欖油加熱，
   煎炒雞肉。倒入紅酒，待水分蒸發後，放入 1 的鍋子中。

3. 將高湯與水倒入鍋中，大約是稍稍淹過食材的水量，再加入番茄
   糊、剖半的蘑菇、去除菇柄前端部份的鴻禧菇、月桂葉、迷迭香，
   燉煮半天。

> POINT
>
> 美味的關鍵在於一開始要徹底地翻炒洋蔥與大蒜。

香草燉雞肉

SLOW SIMMERED
CHICKEN STEW

煎香腸佐小扁豆

SAUSAGE WITH LENTIL

材料

（2 人份）

香腸…6 根　　　小扁豆…1 杯　　　義大利香芹…適量

胡蘿蔔…1 根　　　水…適量　　　鹽、胡椒…各少許

洋蔥…1 顆　　　大蒜…1 瓣　　　橄欖油…適量

做法

---

1. 用刀面拍碎大蒜。將胡蘿蔔、洋蔥切為碎末狀。鍋中倒入橄欖油加熱，翻炒大蒜至呈現焦糖色。炒出香味後，放入胡蘿蔔與洋蔥，翻炒至洋蔥變透明狀。

2. 把洗好的小扁豆放入 1 的鍋中，倒入稍稍淹過食材的水量燉煮。煮到豆子變軟，以鹽、胡椒調味。用其他平底鍋煎香腸，煎至表面呈現焦色。

3. 將 2 的鍋中食材平鋪到盤中，灑上切碎的義大利香芹。再將香腸放在最上面即完成。

POINT
小扁豆不需要先泡水就能馬上使用，是一個在繁忙
時相當方便的食材。

非油炸的健康油淋雞

CHINESE FRIED CHICKEN

材料

（2人份）

———————

雞腿肉…2片
番紅花…1小撮
北非小米（couscous）…1杯
紫洋蔥…½顆

大蒜（磨成泥狀）…2小匙
長蔥…⅓根
薑（磨成泥狀）…1小匙
鹽…適量
胡椒…少許
醬油、醋、砂糖…各4大匙

做法

———————

1. 在大碗中倒入 ¼ 杯的熱水（不包含在材料份量內），放入番紅花靜置約 15 分鐘，待顏色釋出。放入北非小米、¾杯的熱水（不包含在材料份量內），蓋上蓋子燜 10 分鐘左右。

2. 將紫洋蔥切為碎末狀後泡水，再撈起去除水分。將洋蔥末加入 1 當中，以鹽調味並拌勻。

3. 雞肉去筋，皮面朝下，在肉面上以 1 公分間隔切出刀痕，但不要切到雞皮。灑上鹽與胡椒，再塗抹蒜泥。

4. 雞皮朝下放入平底鍋中煎。煎至雞皮油脂冒出，皮面變酥，便可翻面煎。

5. 取一個較小的料理碗，放入切碎末的蔥、薑泥、醬油、醋、砂糖，攪拌均勻後即成醬料。將 4 切為 2 公分寬的雞柳，盛盤後淋上醬料，再佐以 2 一同享用。

蘇格蘭蛋佐
印度式酸甜醬
SCOTCH EGG

POINT

蘇格蘭蛋是在 1738 年由倫敦的老牌百
貨公司所開發出來的。沾著加入香料燉
煮的蔬果醬汁「印度酸甜醬」（Chutney）
一起吃是經典吃法。

材 料

（2 人份）

———

洋蔥…1 顆

大蒜…1 瓣

牛絞肉…200 公克

生麵包粉…½ 杯

雞蛋…2 顆

綜合香料…少許

水煮蛋…3 顆

麵粉、麵包粉…各適量

鹽、胡椒…各少許

沙拉油…適量

A
- 洋蔥…1 顆
- 蘋果…1 顆
- 葡萄乾、肉荳蔻粉、丁香粉…各 ½ 小匙
- 巴薩米克醋…¼ 杯

做 法

———

1. 將 A 的洋蔥、蘋果切為碎末狀。把 A 的材料全部放入鍋中燉煮。食材煮軟後，放入食物調理機中，攪打成滑順泥狀，裝入容器中。

2. 洋蔥、大蒜以食物調理機攪打成泥狀。平底鍋倒油加熱，將洋蔥與大蒜炒至呈現焦糖色。

3. 在大碗中放入牛肉、生麵包粉、雞蛋1顆、2，灑上綜合香料、鹽、胡椒，揉捏至出現黏性。

4. 水煮蛋均勻抹上麵粉，用 3 包覆起來。將剩下的雞蛋打散，水煮蛋均勻沾上蛋液後，再沾裹麵包粉。鍋中倒油加熱到 180°C，將水煮蛋炸得香酥。盛盤，佐以 1 一同享用。

簡易匈牙利湯

GOULASH

材 料

（2 人份）

———

豬菲力肉⋯400 公克

洋蔥⋯$\frac{1}{2}$ 顆

彩椒（黃色）⋯$\frac{1}{2}$ 個

大蒜（磨成泥狀）⋯1 瓣的量

藏茴香（caraway seeds）⋯少許

番茄罐頭⋯$\frac{1}{2}$ 罐

紅椒粉⋯2 小匙

酸奶油、蒔蘿⋯適量

鹽、胡椒、麵粉⋯各少許

奶油⋯1 大匙

沙拉油⋯適量

做 法

———

1. 豬肉切為 2 公分厚度的片狀，再捶打到約 1 公分厚。灑上鹽與胡椒，
    表面均勻裹上麵粉。平底鍋放奶油加熱，豬肉下鍋煎熟。

2. 將洋蔥切為碎末狀，彩椒切為 1 公分寬。鍋中倒油加熱，放入洋蔥及
    大蒜翻炒至呈現焦糖色。再放入藏茴香、番茄罐頭翻炒，以紅椒粉、鹽、
    胡椒調味。

3. 待鍋中水分減少且開始變濃稠，放入彩椒與 1 再稍微燉煮一下。盛盤，
    依個人喜好淋上酸奶油，灑上蒔蘿。

配料豐富的俄羅斯牛肉
BEEF STROGANOFF

材料

（2 人份）

———

洋蔥…1 顆

蘑菇、杏鮑菇、香菇、鴻禧菇…各 1 包

大蒜（磨成泥狀）…1 瓣的量

牛肉薄片…300 公克

麵粉…2 大匙

白酒…$\frac{1}{2}$ 杯

高湯…1 杯

水…適量

酸奶油…1 又 $\frac{1}{4}$ 杯

豌豆…少許

義大利香芹…適量

鹽、胡椒…各適量

橄欖油…3 大匙

做法

———

1. 將洋蔥切為碎末狀，蘑菇、杏鮑菇各切為 0.3 公分厚的薄片，香菇切為適口大小，鴻禧菇切除菇柄前端部分並撕散。鍋中倒入橄欖油加熱，洋蔥與大蒜下鍋翻炒至呈現焦糖色。

2. 牛肉切為 1 公分寬。牛肉下鍋煎，灑上鹽、胡椒、麵粉翻炒。牛肉炒熟後，放入 1 的鍋中。

3. 鍋中倒入白酒與高湯，再倒入稍稍淹過食材的水量燉煮。待鍋中水分減少且開始變濃稠，以鹽、胡椒調味，再放入酸奶油。最後灑上義大利香芹。

POINT
請務必搭配熱騰騰的白飯一同享用。

北歐風肉丸

SCANDINAVIAN MEATBALLS

材料

（2 人份）

牛絞肉…300 公克

洋蔥…2 顆

大蒜…1 瓣

生麵包粉…½ 杯

雞蛋…1 顆

牛奶…適量

鮮奶油…1 杯

帕瑪森乳酪…適量

綜合香料…½ 小匙

鹽、胡椒…各少許

橄欖油…適量

做法

---

1. 將洋蔥、大蒜切為碎末狀，以食物調理機攪打成滑順泥狀。平底鍋倒橄欖油加熱，洋蔥與大蒜下鍋翻炒至呈現焦糖色。

2. 把牛肉放入大碗中，加入生麵包粉、雞蛋、綜合香料、1，灑上鹽、胡椒。揉捏至出現黏性，再捏成直徑約 4 公分的肉丸。

3. 鍋中倒入橄欖油加熱，肉丸下鍋煎。待表面煎出焦色，倒入稍稍淹過肉丸的牛奶燉煮。待肉丸煮熟便關火，加入鮮奶油、帕瑪森乳酪，再以鹽、胡椒調味。

POINT
這是北歐的家庭料理。推薦各位在寒冷冬天或是想吃點暖和東西時享用。

經典烤牛肉
ROAST BEEF

材料

（2 人份）

———

牛里肌肉（塊狀）…500 公克
大蒜（磨成泥狀）…2 瓣的量
鹽、胡椒…各少許

做法

———

1. 牛肉表面塗抹上蒜泥，灑上鹽、胡椒。
   用細棉線綑綁肉塊，固定形狀。

2. 將牛肉放入平底鍋中，均勻煎熟表面。
   待煎出焦色，放入預熱 200℃ 的烤箱
   中烤 20 分鐘。

3. 以溫度計測量肉塊中心的溫度，若到
   達 55℃ 則可將肉取出。若溫度不夠，
   則延長烤的時間。烤好後依個人喜好
   的厚度切為薄片。

> **POINT**
> 建議各位使用溫度計測
> 量溫度，就能成功讓牛
> 肉呈現漂亮的粉紅色。

PART 2
想大口咬下！肉類料理

牛奶燉豬肉

MILK BRAISED PORK

材料

（2 人份）

豬菲力肉（塊狀）…300 公克

番紅花…1 小撮

牛奶…1 杯

松子、葡萄乾…各 $\frac{1}{3}$ 杯

麵粉…適量

鹽、胡椒…各少許

橄欖油…適量

做法

---

1. 在大碗中倒入 $\frac{1}{4}$ 杯的熱水（未包含在材料份量內），放入番紅花，靜置待顏色釋出。

2. 在豬肉表面灑上鹽、胡椒，均勻裹上麵粉，再用細綿線綑綁。平底鍋倒入橄欖油加熱，豬肉下鍋煎至中心溫度達 63℃。

3. 把 1、牛奶、松子、葡萄乾加入鍋中，燉煮到牛奶蒸發。豬肉切為 1 公分厚的片狀後盛盤，淋上醬汁享用。

超軟嫩水煮雞胸肉

BOILED CHICKEN

（2 人份）

———

雞胸肉…400 公克　　　　鹽…1 大匙
長蔥（蔥白）…½ 根　　　新鮮胡椒（可省略）…適量
薑（切薄片）…3 片　　　橄欖油…適量

做 法

———

1. 去除雞肉的皮與筋。鍋中煮沸熱水後關火，並加鹽。

2. 在 1 的鍋中放入雞肉、蔥、薑，蓋上鍋蓋靜置 1 小時。

3. 取出雞肉，依個人喜好的厚度切為片狀並盛盤。淋上橄
   欖油，灑些新鮮胡椒。可依個人口味沾鹽享用。

POINT
運用燜的方式慢慢將雞肉煮熟，肉色會呈現略微粉紅並保有濕潤口感。

蘋果燉肋排

APPLE BRAISED SPARERIBS

材料

（2 人份）

肋排⋯500 公克
蘋果⋯1 顆
洋蔥⋯1 顆
大蒜⋯2 瓣

A ⎡ 紅酒⋯$\frac{1}{2}$ 杯
⎢ 肉桂棒⋯1 根
⎣ 八角（可省略）⋯2 個
蜂蜜⋯2 小匙
鹽、胡椒、粉紅胡椒⋯各少許
橄欖油⋯適量

做法

---

1. 蘋果、洋蔥、大蒜磨成泥狀。在鍋中倒入橄欖油加熱，將洋蔥與大蒜炒至呈現焦糖色。

2. 平底鍋倒入橄欖油加熱，將肋排煎至表面呈現焦色。

3. 將肋排放入 1 的鍋中，再加入蘋果與 A 燉煮。以鹽、胡椒、蜂蜜調味，煮至水分蒸發。

4. 盛盤，灑上粉紅胡椒作為點綴。

米蘭式炸豬排
MILANESE CUTLET

材料

（2 人份）

豬腿肉（塊狀）…300 公克

雞蛋…1 顆

麵包粉…適量

紫蘿蔔嬰嫩芽…適量

鹽、胡椒…各適量

橄欖油…適量

做法

---

1. 麵包粉放入食物調理機中攪打成細粉。豬肉切半，一邊沾上麵包粉一邊捶打成 0.2 公分厚的肉排。

2. 肉排灑上鹽、胡椒，裹上打散的蛋液後再沾上麵包粉。平底鍋中倒入深約 3 公分左右的橄欖油加熱，將肉排下鍋炸熟。

3. 盛盤，灑些嫩芽作為點綴。

POINT
薄薄的大片肉排，是米蘭式炸豬排的特徵。

牛肉紫蘇葉煎餃
BEEF AND MACROPHYLL DUMPLINGS

材料

（2 人份）

牛絞肉…140 公克　　　　餃子皮…14 片

紫蘇葉…8 片　　　　　　沙拉油…適量

白菜…1 片

鹽、胡椒、醬油…各少許

做法

1. 將紫蘇葉與白菜切為碎末狀，放入大碗中，再加鹽搓揉。瀝除碗中蔬菜
    釋出的水分。

2. 在 1 當中加入鹽、胡椒、醬油調味，放入牛肉攪拌至呈現黏性，將餡
    料包入餃子皮中。

3. 平底鍋倒油加熱，餃子下鍋煎至呈現焦色後，倒入水（未包含在材料份
    量內），蓋上鍋蓋燜煎。等到餃子皮變透明，便可開蓋，以大火煎至水
    分蒸發即完成。

異 國 風
豬 肉 串 燒
SPICY PORK SKEWERS

（2 人份）

———

豬里肌肉、排骨肉等等（塊狀）⋯300 公克

彩椒⋯1 個

A— 牛至粉、孜然粉、鹽⋯各少許

做 法

———

1. 將豬肉、彩椒切為適口大小。豬肉均勻抹上 A。

2. 豬肉與彩椒交替插在烤串上。平底鍋加熱，將肉串煎熟。

POINT
牛至與孜然的搭配，馬上就能營造
出異國風味。

PART 3

一天辛苦了！
分量滿滿料理

飯食與麵食，
從義大利菜到異國風味美食，
這一章將介紹讓胃超滿足的主食料理。

半熟蛋奶油培根義大利麵

SPAGHETTI CARBONARA

材 料

（2 人份）

―――

義大利麵…160 公克

培根（塊狀）…100 公克

大蒜…1 瓣

雞蛋…2 顆

帕瑪森乳酪…$\frac{1}{2}$ 杯

粗粒黑胡椒、鹽…各少許

橄欖油…1 大匙

做 法

―――

1. 鍋中煮沸熱水（未包含在材料份量內），在水中加鹽，再放入義大利麵，依包裝建議時間煮熟麵條。

2. 用刀面壓碎大蒜。將培根切為 1 公分寬。平底鍋倒橄欖油加熱，大蒜下鍋炒至香味飄出。放入培根翻炒，再倒入 2 大匙的煮麵水乳化醬汁。

3. 鍋中煮沸熱水（未包含在材料份量內），將溫度保持在 67 ~ 69°C。小心地將雞蛋放入鍋中煮 25 分鐘，製作半熟蛋。

4. 將煮好的義大利麵加入 2 的平底鍋中，與醬汁一同拌勻。盛盤，將蛋打入盤中，再灑上帕瑪森乳酪與粗粒黑胡椒。

POINT

半熟蛋與帕瑪森乳酪呈現出絕妙的濃稠滑順感，讓人垂涎。

異國風抓飯 & 烤牛肉

SPICED PILAF AND KABAB

材料

（2 人份）

牛絞肉⋯400 公克

番茄⋯1 顆

義大利香芹⋯適量

鹽、胡椒⋯各適量

A
米（建議用泰國長米）⋯1 杯
水⋯1 杯
香菜籽、薑黃粉⋯各 1 小匙
鹽⋯少許

B
優格⋯1 大匙
大蒜（磨成泥狀）⋯1 瓣的量
檸檬汁⋯1 小匙
鹽⋯少許
橄欖油⋯1 小匙

奶油⋯1 小匙

做法

1. 鍋中放入奶油加熱，將 A 下鍋用大火加熱 10 分鐘後，轉小火加熱 10 分鐘，蓋上鍋蓋再蒸 10 分鐘。

2. 將牛絞肉放入大碗中，灑入鹽、胡椒仔細拌勻。把絞肉捏為細長形，穿過烤串，並放入平底鍋中煎至表面呈現焦色。

3. 將 1 盛盤，放上切為 1 公分見方的番茄丁與 2。淋上調勻的 B，最後灑上切碎的義大利香芹。

POINT
加入各種不同香料，充分享受異國氛圍。

四季豆馬鈴薯
青醬義大利麵
GENOVESE PASTA

POINT

也可以將馬鈴薯、四季
豆、青醬拌勻後與沙拉
一同享用。

（2 人份）

馬鈴薯…2 顆

四季豆…10 根

義大利麵（或是義大利寬麵）…160 公克

A ⌈ 大蒜（磨成泥狀）…1 瓣的量

　　羅勒…30 片

　　帕瑪森乳酪、松子…各 ½ 杯

　　└ 鹽…少許

帕瑪森乳酪…各適量

鹽…少許

橄欖油…1 杯

做 法

---

1. 製作青醬：將 A 與橄欖油放入食物調理機中，攪打成滑順泥狀。

2. 鍋中煮沸熱水（未包含在材料份量內），馬鈴薯、四季豆下鍋煮至變軟。將煮過的馬鈴薯切為 3 公分見方的丁狀，四季豆切為 3 公分長。取另一鍋煮沸熱水（未包含在材料份量內）並加鹽，放入義大利麵並依包裝建議時間煮熟麵條，撈起瀝乾。

3. 將 1、馬鈴薯、四季豆、松子（未包含在材料份量內）放入大碗中拌勻。把馬鈴薯與四季豆移到其他容器中。

4. 在 3 的大碗中放入煮好的義大利麵，倒入青醬拌勻。盛盤，放上馬鈴薯與四季豆，最後灑上帕瑪森乳酪。

義式鮮蝦南瓜麵疙瘩

PUMPKIN GNOCCHI WITH SHRIMP

材料

（2 人份）

南瓜…¼ 顆

草蝦…10 隻

麵粉…¼ 杯

鹽、牛奶…各少許

A ｛
鮮奶油…⅓ 杯
帕瑪森乳酪…¼ 杯
肉荳蔻粉…⅓ 小匙
胡椒…少許
｝

帕瑪森乳酪…適量

做 法

---

1. 將南瓜切為適口大小，以微波爐加熱 2 分鐘使之變軟。使用濾網將南瓜壓成泥，加入鹽、麵粉仔細搓揉。再捏成一口大小的橢圓形，放入冰箱冷藏 15 分鐘。

2. 將去殼的草蝦放入平底鍋中，煎至表面呈現焦色後，盛入容器中。鍋中煮沸熱水（未包含在材料份量內），在水中加鹽焯燙 1。待麵疙瘩煮熟並浮出水面，撈起瀝乾水分。

3. 將 A 放入平底鍋中加熱，放入煮好的麵疙瘩，與醬汁拌勻。一旦醬汁凝固便加入牛奶調整濃稠度。

4. 將 3 盛盤，放上蝦子，最後灑上帕瑪森乳酪。

POINT

比起一般做法，因為將麵粉的量減到最低，
可以品嘗到輕盈口感的麵疙瘩。

肉末咖哩

QEEMA CURRY

材 料

（2 人份）

米…1 杯	番紅花…1 小撮	蜂蜜…1 小匙
洋蔥…2 顆	大蒜…1 瓣	雞蛋…2 顆
牛絞肉…300 公克	薑…1 片	鹽…少許
水…適量	咖哩粉…2 大匙	沙拉油…適量

做 法

---

1. 洗好的米放入電飯鍋，依鍋中標示加入水，再放入番紅花一同炊煮。

2. 將洋蔥、大蒜、薑以食物調理機攪打成泥狀。放入已倒油加熱的平底鍋中，翻炒至表面呈現焦糖色後，盛入容器中。

3. 平底鍋倒油加熱，放入牛肉、鹽翻炒，待牛肉炒熟，再加入咖哩粉拌炒。倒入稍稍淹過食材的水量燉煮 30 分鐘，以鹽、蜂蜜調味。

4. 將 1、3 盛盤。平底鍋中倒油加熱，煎一個荷包蛋放在咖哩的上方即完成。

POINT

以較短的燉煮時間製作這道肉末咖哩。
享用時請將荷包蛋攪散與咖哩一起入口。

章魚絞肉義大利麵

MINCED OCTOPUS PASTA

材 料

（2 人份）

燙熟的章魚…1 隻

洋蔥…1 顆

大蒜…1 瓣

義大利麵…160 公克

鰻魚（切碎）…3 片

A ┌ 番茄泥…1 杯
　├ 紅椒粉…1 大匙
　└ 辣椒粉…適量

酸豆

（Caper，又稱續隨子、刺山柑。可省略）…1 大匙

鹽…少許

橄欖油…2 大匙

做 法

---

1. 將章魚切為適口大小，以食物調理機攪打成碎肉狀，盛入其他容器中。
再將洋蔥、大蒜以食物調理機攪打成泥狀。

2. 平底鍋中倒橄欖油加熱，放入洋蔥、大蒜泥，翻炒至水分蒸發。1 與鰻
魚下鍋一同翻炒，再放入 A 燉煮 20 分鐘。以鹽調味。

3. 鍋中煮沸熱水（未包含在材料份量內），在水中加鹽，放入義大利麵，
依包裝建議時間將麵煮熟。煮好的義大利麵撈起瀝乾水分後，放入 2
的鍋中，與醬汁拌炒均勻。

4. 盛盤，灑上酸豆即完成。

> POINT
> 章魚 Q 彈的口感與番茄醬的酸味很開胃。

異國風冷麵
COLD VIETONAMESE-STYLE NOODLES

材料
（2 人份）

雞絞肉⋯100 公克
紫洋蔥⋯$\frac{1}{2}$ 顆
乾的細烏龍麵⋯2 把
大蒜（磨成泥狀）⋯1 瓣的量
薑（磨成泥狀）⋯1 片的量
梅酒⋯2 大匙

魚露⋯適量
核桃⋯1 大匙
香菜⋯1 把
A ┌ 辣椒粉、魚露⋯各 1 大匙
  │ 萊姆汁⋯2 顆的量
  │ 白芝麻、蜂蜜⋯各 1 小匙
  └ 雞高湯⋯$\frac{1}{4}$ 杯
沙拉油⋯適量

做法

---

1. 平底鍋倒油熱鍋，雞肉、大蒜、薑下鍋翻炒。待雞肉炒熟後，倒入梅酒、魚露調味。

2. 核桃切為粗顆粒，紫洋蔥切薄片後泡水，撈起待用。

3. 鍋中煮沸熱水（未包含在材料份量內），放入烏龍麵，依包裝建議時間將麵煮熟。把剛煮好的烏龍麵浸泡冷水會讓口感更 Q 彈，瀝乾水分後盛盤，放上 1、2 以及切碎的香菜。淋上調勻的 A 即可享用。

POINT

為烏龍麵增添異國風味的一道料理。

核桃能夠發揮提味作用。

正統歐式咖哩

EUROPEAN-STYLE CURRY

（2 人份）

———

牛肩肉⋯300 公克
洋蔥⋯2 顆
大蒜⋯1 瓣
薑⋯1 片
麵粉⋯2 大匙
蘋果⋯1 顆
胡蘿蔔⋯1 根
白飯⋯2 碗

A
咖哩粉⋯2 大匙
月桂葉⋯2 片
蜂蜜⋯適量
紅酒、高湯、水⋯各 1 杯
鹽⋯適量
沙拉油⋯適量

做 法

———

1. 洋蔥、大蒜、薑以食物調理機攪打成泥狀。放入已倒油加熱的平底鍋中，翻炒至表面呈現焦糖色後，盛入容器中。

2. 將牛肉切為適口大小。平底鍋倒油加熱，放入牛肉、鹽、麵粉翻炒。待牛肉炒熟，再倒入磨成泥狀的蘋果、切為適口大小的胡蘿蔔、1、A，燉煮大約 3 小時。

3. 將白飯盛盤，淋上 2 即可享用。

> POINT
> 慢慢炒出洋蔥的香，就能作出正統的美味咖哩。

橄欖油花椰菜義大利麵
BROCCOLI AND OLIVE OIL PASTA

材料

（2 人份）

花椰菜…1 株

義大利麵（或是義大利短麵）…150 公克

大蒜（切細碎）…1 瓣的量

鯷魚（切細碎）…3 片的量

辣椒…1 根

帕瑪森乳酪…$\frac{1}{2}$ 杯

鹽…少許

橄欖油…2 大匙

做法

---

1. 鍋中煮沸熱水（未包含在材料份量內），花椰菜下鍋焯燙 3 分鐘，撈起瀝乾水分。接著再次煮沸鍋中熱水（未包含在材料份量內），在水中加鹽，放入義大利麵，依包裝建議時間將麵煮熟。煮麵水先不要倒，留待炒菜用。

2. 平底鍋倒橄欖油加熱，放入大蒜翻炒。待炒出香味，放入鯷魚、辣椒、花椰菜翻炒。用餐叉壓扁花椰菜的莖，倒入 $\frac{1}{2}$ 杯的煮麵水。若橄欖油不夠，可再逐次少量倒一些，使之乳化，製成醬汁。以鹽調味。

3. 煮好的義大利麵放入 2 的鍋中，與醬汁拌炒均勻。加入一半的乳酪拌炒均勻。盛盤，灑上剩餘的帕瑪森乳酪即完成。

POINT

這是一道簡單又能吃到食材原味的義大利麵。

番茄蜜桃天使冷麵

TOMATO AND PEACH CAPELLINI

（2 人份）

――――

番茄…1 顆	義大利麵（或是天使細麵）…140 公克
桃子…1 顆	羅勒…15 片
大蒜…1 瓣	鹽、胡椒…各少許
	橄欖油…適量

做 法

――――

1. 番茄切為 2 公分的丁狀。以刀面壓碎大蒜，與番茄、鹽拌勻後靜置 30 分鐘。桃子切為 1 公分的丁狀。

2. 將番茄與桃子釋出的水分倒入其他容器，加入橄欖油調勻，使之乳化，製成醬汁。

3. 鍋中煮沸熱水（未包含在材料份量內），在水中加鹽，放入義大利麵，依包裝建議時間將麵煮熟。將煮好的麵放入冰水中冷卻，撈起瀝乾水分。

4. 將義大利麵放入 2 的容器中拌勻。灑上胡椒，放入 5 片羅勒葉後再拌勻便可盛盤，最後放上番茄、桃子、剩餘的羅勒即完成。

> POINT
> 讓番茄與桃子釋出的水分與橄欖油結合並乳化，是這道料理的關鍵。

西 班 牙 海 鮮 飯

SHRIMP AND MUSSEL PAELLA

材料

（2 人份）

――――――

米…1 杯

雞腿肉…100 公克

洋蔥（切細碎）…1 顆

大蒜（切細碎）…1 瓣的量

烏賊…100 公克

草蝦…5 隻

淡菜…20 個

水…1 杯

番茄泥…1 大匙

番紅花…1 小撮

彩椒（黃色）…1 個

鹽、胡椒…各少許

橄欖油…適量

做 法

――――――

1. 將米浸泡冷水（未包含在材料份量內）大約 30 分鐘後，瀝乾水分。

2. 雞肉切為適口大小。平底鍋倒橄欖油加熱，洋蔥、大蒜下鍋炒出香味後，放入雞肉拌炒到熟。把米倒入鍋中，待米飯變透明，加入水、番茄糊、番紅花，以鹽、胡椒調味。

3. 切為適口大小的烏賊、草蝦、淡菜下鍋，放上裁成適當大小的鋁箔紙作為蓋子，加熱 8 分鐘。之後，轉小火再加熱 10 分鐘。關火，放入切為 1 公分見方的彩椒，燜蒸 10 分鐘即完成。

POINT
這道海鮮飯的做法出乎意料地簡單！米先泡過水，口感更蓬鬆好吃！

番茄乳酪義大利麵

TOMATO AND MASCARPONE PASTA

（2 人份）

———

豬絞肉…150 公克

胡椒、牛至葉、迷迭香…各少許

番茄…2 顆

大蒜…1 瓣

義大利麵（或是義大利短麵）…100 公克

優格…3 大匙

馬斯卡彭乳酪…2 大匙

羅勒…4 片

鹽…適量

橄欖油…1 大匙

做 法

———

1.　豬肉灑鹽、胡椒，放上牛至葉、迷迭香，搓揉至出現黏性，再捏成直徑約 2 公分的橢圓形。番茄切為適口大小，用刀面壓碎大蒜。

2.　平底鍋倒橄欖油加熱，翻炒大蒜。待炒出香味後，豬肉下鍋煎熟表面，放入番茄一同燉煮。等到香味飄出即關火，倒入優格、馬斯卡彭乳酪。

3.　鍋中煮沸熱水（未包含在材料份量內），加鹽，依包裝上的建議時間煮熟義大利麵。將麵撈起瀝除水分，加到 2 的鍋中，與醬汁拌炒均勻。盛盤，放上羅勒作為裝飾。

POINT

這道菜我通常使用瑞可塔乳酪（Ricotta）來製作，這次試著以馬斯卡彭乳酪及優格來取代。濃郁風味一點也不輸給瑞可塔乳酪。

綜合鮮菇燉飯

MUSHROOM RISOTTO

材 料

(2 人份)

———

蘑菇、杏鮑菇、香菇、鴻禧菇…各 ½ 包　　高湯…¼ 杯

洋蔥（切細碎）…½ 顆的量　　　　　　　帕瑪森乳酪…⅓ 杯

米…1 杯　　　　　　　　　　　　　　　鹽、胡椒…各少許

大蒜（切細碎）…1 瓣的量　　　　　　　奶油…3 大匙

白酒…½ 杯　　　　　　　　　　　　　　橄欖油…適量

做 法

———

1.　平底鍋倒橄欖油加熱，翻炒大蒜。待炒出香味後，加入白酒、蘑
　　菇、杏鮑菇、香菇、鴻禧菇，翻炒至水分蒸發，盛入容器中。

2.　平底鍋放入奶油加熱，洋蔥下鍋炒到變透明。再加入洗好的米，
　　待米飯變透明，逐次少量倒入高湯，一邊拌炒一邊燉煮。若鍋中
　　水分蒸發，就再倒入高湯，重複此步驟。

3.　等到米飯變軟，便可盛盤，加入帕瑪森乳酪、1 拌勻，再以鹽、
　　胡椒調味。

POINT
這是一道凝聚了各種菇類美味的燉飯。

美式什錦燉飯 & 炸雞塊
JAMBALAYA WITH "TATSUTA-AGE"

POINT

什錦燉飯是美國南部的鄉土料理。跟日式炸雞塊相當合拍,想吃頓扎實一餐的時候請試試這道料理吧。

材 料

（2 人份）

雞腿肉…200 公克

香腸…8 根

洋蔥…½ 顆

大蒜（磨成泥狀）…1 瓣的量

小型的蝦子…10 隻

米（建議選擇泰國長米）…1 杯

A
- 酒、醬油…各 1 大匙
- 薑（磨成泥狀）…2 小匙
- 麻油、大蒜（磨成泥狀）、蜂蜜…各 1 小匙

太白粉…2 大匙

B
- 高湯…1 杯
- 紅椒粉…½ 大匙
- 番茄糊（Tomato Paste）…1 小匙
- 牛至粉、孜然粉…各 ½ 小匙
- 卡宴辣椒粉、丁香粉、胡椒、百里香…各少許

羅勒（可省略）…適量

鹽…少許

沙拉油…適量

做 法

1. 將雞肉切為適口大小，放入調勻的 A 當中醃漬，放入冰箱冷藏 30 分鐘。
    取出雞肉，以餐巾紙擦去表面多餘的醃料，均勻抹上太白粉。鍋中倒入
    深約 6 公分的油加熱，雞肉下鍋炸至表面酥脆。

2. 將香腸切為 0.5 公分寬的片狀，洋蔥切為 1 公分見方的塊狀。平底鍋倒
    油加熱，放入洋蔥、大蒜翻炒到變透明，再倒入 B，蓋上鍋蓋燜煮 40 分
    鐘。以鹽調味。

3. 盛盤，放上 1，灑上羅勒裝飾。

蘆筍菠菜燉飯

ASPARAGUS AND SPINACH RISOTTO

材料

（2 人份）

蘆筍…3 根

菠菜…4 把

洋蔥（切細碎）…1 顆的量

大蒜（切細碎）…1 瓣的量

米…1 杯

高湯…$\frac{1}{4}$ 杯

帕瑪森乳酪…$\frac{1}{2}$ 杯

鹽、胡椒…各少許

奶油…3 大匙

做法

---

1. 鍋中煮沸熱水（未包含在材料份量內），蘆筍下鍋焯燙 1 分鐘。撈起瀝乾水分，再將菠菜放入鍋中燙熟。將燙好的菠菜放進食物調理機中，攪打成滑順泥狀。

2. 平底鍋放入奶油加熱，洋蔥、大蒜下鍋炒到變透明。逐次少量將米與高湯加到鍋中，一邊拌炒一邊燉煮。若鍋中水分蒸發，就再倒入高湯，等到米飯變軟，加入帕瑪森乳酪與菠菜泥拌勻，以鹽、胡椒調味。

3. 盛盤，放上對半切的蘆筍。

POINT
菠菜與蘆筍的鮮豔綠色看來相當美味，
不僅提升風味也讓人垂涎三尺。

蒜辣墨魚義大利麵

SQUID INK PASTA
WITH GARLIC, OLI AND PEPPERS

材 料

（2 人份）

——

義大利麵（加入墨魚汁製成的麵條）…160 公克

大蒜（切薄片）…1 瓣的量

辣椒…1 根

淡菜…8 個

鹽…少許

橄欖油…2 大匙

做 法

——

1. 鍋中煮沸熱水（未包含在材料份量內），加鹽，依包裝上的建議時間煮義大利麵。撈起麵條，煮麵水不要倒掉，之後待用。

2. 平底鍋倒橄欖油加熱，大蒜、辣椒下鍋炒出香味後，放入淡菜，加熱至淡菜開殼，盛入容器中。

3. 在 2 的平底鍋中倒入 $\frac{1}{2}$ 杯的煮麵水，使之乳化，製成醬汁。

4. 將瀝乾水分的義大利麵加到 3 的鍋中，與醬汁拌勻。若鍋中水分蒸發，逐次少量倒入煮麵水、橄欖油。

5. 盛盤，放上淡菜即完成。

魩仔魚蛋黃義大利麵

SHIRASU PASTA

材料

（2 人份）

———

燙熟的魩仔魚…100 公克　　蛋黃…2 個

義大利麵…160 公克　　　　鹽…少許

大蒜（切細碎）…1 瓣的量　橄欖油…2 大匙

做法

———

1. 平底鍋倒橄欖油加熱，大蒜下鍋炒出香味。

2. 鍋中煮沸熱水（未包含在材料份量內），加鹽，依包裝上的建議時間煮義大利麵。撈起麵條，煮麵水不要倒掉，留待炒麵用。

3. 在 1 的平底鍋中放入義大利麵，逐次少量倒入煮麵水，使之乳化，與麵條拌炒均勻。

4. 盛盤，在上方中央擺上蛋黃，周圍放上魩仔魚即完成。

墨魚蛤蜊
義大利麵

PESCATORE WITH
SQUID AND CLAMS

材料

（2 人份）

墨魚…300 公克

蛤蜊…20 個

義大利麵…180 公克

大蒜（切細碎）…1 瓣的量

辣椒…1 根

番茄泥…1 杯

鹽…少許

橄欖油…3 大匙

做法

---

1. 平底鍋倒橄欖油加熱，放入切為圓圈狀的墨魚、蛤蜊、大蒜、辣椒翻炒。

2. 待蛤蜊開殼，倒入番茄泥再稍微燉煮一下，蛤蜊盛入其他容器中。

3. 鍋中煮沸熱水（未包含在材料份量內），加鹽，依包裝上的建議時間煮義大利麵。麵條撈起瀝除水分，放入 2 的平底鍋中，與食材拌勻。

4. 盛盤，擺上蛤蜊即完成。

鮮 蝦 炒 飯

SHRIMP FRIED RICE

（2 人份）

────────

白飯…1 又 ½ 杯   雞蛋…2 顆

草蝦…10 隻   豌豆…1 大匙

叉燒肉…4 片   鹽、酒、醬油…各少許

長蔥…10 公分   沙拉油…1 大匙

做 法

────────

1. 鍋中煮沸熱水（未包含在材料份量內），蝦子下鍋燙熟後，撈起並剝除蝦殼。將蝦子與叉燒肉各切為四等分，長蔥切細碎。

2. 平底鍋倒油加熱，倒入打散的蛋液。待蛋煎至半熟，白飯下鍋以大火翻鍋拌炒。以鹽、酒、醬油調味。

3. 待米飯炒得粒粒分明，加入 1、豌豆，將鍋中食材拌炒均勻，即可盛盤。

帕瑪森起司燉飯

PARMESAN RISCOTTO

材料

（2 人份）

米⋯1 杯

帕瑪森乳酪⋯$\frac{1}{2}$ 杯

洋蔥⋯$\frac{1}{2}$ 顆

番紅花⋯1 小撮

高湯⋯$\frac{1}{4}$ 杯

鹽、胡椒⋯各少許

奶油⋯2 大匙

做法

1.　大碗盛入 $\frac{1}{4}$ 杯的熱水（未包含在材料份量內），放入番紅花，
　　靜置待顏色釋出。

2.　洋蔥切細碎。平底鍋放入奶油加熱，洋蔥下鍋炒熟。放入米，
　　待米飯變透明，一邊攪拌 1，一邊倒入鍋中。

3.　若鍋中水分蒸發，逐次少量倒入高湯燉煮，同時要一邊拌炒。
　　待米飯變軟，放上帕瑪森乳酪，以鹽、胡椒調味。

異國風炒烏龍麵

SPICY FRIED NOODLES

材料

（2 人份）

乾的烏龍細麵⋯2 把

草蝦⋯20 隻

大蒜（切細碎）⋯2 瓣的量

薑（切細碎）⋯1 片的量

魚露⋯適量

蜂蜜⋯1 大匙

椰子油、辣椒粉、蜜汁堅果⋯各 2 大匙

鴨兒芹（或是香菜）⋯1 把

萊姆⋯1 顆

做法

1. 鍋中煮沸熱水（未包含在材料份量內），依包裝上的建議時間煮烏龍麵，撈起沖洗冷水後再瀝除水分。剝除蝦殼，將 4 隻蝦各切為 1 公分長的段狀。

2. 平底鍋中倒入椰子油加熱，大蒜、薑、蝦子下鍋翻炒。放入烏龍麵，以魚露、蜂蜜、辣椒粉調味。

3. 盛盤，灑上切碎的堅果、鴨兒芹，擠些萊姆汁即完成。

蜂蜜檸檬義大利麵

HONEY LEMON PASTA

材料

（2 人份）

義大利麵⋯160 公克
檸檬⋯2 顆

A ┌ 蜂蜜⋯1 大匙
  └ 奶油⋯3 大匙
    帕瑪森乳酪⋯$\frac{1}{2}$ 杯
    鹽⋯少許

做法

---

1. 將檸檬榨汁。

2. 平底鍋加熱，倒入檸檬汁、A，製成醬汁。

3. 鍋中煮沸熱水（未包含在材料份量內），加鹽，依包裝上的建議時間煮義大利麵。麵條撈起瀝除水分，放入 2 的平底鍋中，與醬汁拌勻，加入帕瑪森乳酪。

4. 盛盤，削些檸檬皮在麵條上。依個人喜好再灑上帕瑪森乳酪。

牛排口袋餅
BEEF STEAK PITA SANDWICH

材料

（2 人份）

牛里肌肉…200 公克

番茄…1 顆

小黃瓜…1 根

酪梨鷹嘴豆泥（參考 40 頁食譜）…適量

A ┌ 優格…100 公克

香芹、鹽、胡椒…各少許

└ 大蒜（磨成泥狀）…$\frac{1}{2}$ 小匙

口袋餅（市售）…2 片

做法

---

1. 牛肉放入平底鍋，煎至表面呈現焦色，取出後將肉切為 1 公分厚的片狀。將番茄、小黃瓜切為 0.5 公分厚的薄片。

2. 在口袋餅中夾入番茄、小黃瓜、牛肉、酪梨鷹嘴豆泥。將 A 調勻製成醬汁，淋在餡料上即可享用。

帕瑪森起司核桃義大利麵

PARMESAN AND WALNET PASTA

材料

(2 人份)

———

義大利麵(或是義大利短麵)…140 公克

A
- 核桃…½ 杯
- 大蒜(磨成泥狀)…1 瓣的量
- 帕瑪森乳酪…⅓ 杯
- 橄欖油…適量

牛奶…適量

鹽、黑胡椒、帕瑪森乳酪…各少許

做法

———

1. 將 A 以食物調理機攪打成泥狀。若太濃稠,逐次少量倒入牛
   奶,使之滑順。

2. 鍋中煮沸熱水(未包含在材料份量內),加鹽,依包裝上的建
   議時間煮義大利麵。麵條煮熟後,撈起瀝除水分。

3. 將 1 與 2 放入大碗中拌勻後盛盤,灑上黑胡椒與帕瑪森乳酪。

不可或缺的
廚房用具

—

這些是我在料理時愛不釋手的用具們。
使用的手感與外型設計都讓我著迷不已的逸品。

Lodge Logic Skillet 鑄鐵平底鍋

為了因應尺寸與不同用途,不知不覺間竟然蒐
集了 11 個鑄鐵平底鍋。這是不管有多少個都不
嫌多的鍋具。／購自 A&F

ALESSI "MP0215" Mill

約 25 年前在義大利購入。堅固耐用,現在仍經
常使用。／ ALESSI SHOP 青山店(此產品已停
產)

Bianchi 研磨器 S

義大利的研磨器專業品牌推出的乳酪研磨器。
以櫻桃木製作的握柄，使用手感舒適，相當好
用。／購自 Zakkaworks

Perceval 餐刀「9.47」

在法國經營米其林星級餐廳的主廚與工匠共同
為了製作最好的刀具而誕生的作品。切割效果
極佳。購自 W

PART
4

快速完成的
小酌下酒菜

想小酌一杯的時候，
肚子有點餓的時候。
馬上就能完成、令人心滿意足的料理。

炸魚薯條

FISH AND CHIPS

（2 人份）

———

鱈魚塊…2 塊 　　　　　麵粉…少許

馬鈴薯…1 顆 　　　　　麵粉…200 公克

洋蔥…¼ 顆 　　　　　　鹽…1 小撮

醃黃瓜…少許 　　　A　蛋黃…1 個

豌豆…1 杯 　　　　　　牛奶、啤酒…各 ¼ 杯

牛奶、鹽、奶油…各適量 　　檸檬…適量

美乃滋…3 大匙 　　　　沙拉油…適量

做 法

———

1.　在大碗中調勻 A，放入冰箱冷藏 30 分鐘。

2.　以食物調理機將豌豆、牛奶攪打成泥狀。以鹽、融化的奶油調味，打好後倒到容器當中。

3.　將美乃滋、洋蔥、醃黃瓜放入食物調理機當中打碎。

4.　鍋中倒油加熱，鱈魚表面沾裹 1 後下鍋炸。馬鈴薯切為半月形，拭乾表面水分，均勻抹上麵粉後下鍋油炸。

5.　鱈魚與馬鈴薯盛盤，擠上檸檬汁。將 2 與 3 個別盛入小盤中作為沾醬一同享用。

義式水煮魚

ACQUA PAZZA

材 料

（2 人份）

墨魚⋯150 公克

金目鯛（也稱大紅目仔、紅目鰱）⋯1 尾

蛤蜊、淡菜等等⋯10 個左右

大蒜⋯1 瓣

白酒⋯$\frac{1}{4}$ 杯

A ┌ 番茄乾⋯5 個
　├ 橄欖⋯10 顆
　├ 酸豆⋯少許
　└ 水⋯$\frac{1}{2}$ 杯

百里香⋯1 枝

鹽⋯少許

橄欖油⋯2 大匙

做 法

---

1. 取出墨魚與金目鯛的內臟。將墨魚切為適口大小。

2. 以刀面壓碎大蒜，在鑄鐵平底鍋中倒入 1 大匙橄欖油加熱，大蒜下鍋炒至香味飄出。金目鯛表面塗抹鹽後，下鍋煎至單面呈現焦色。放入墨魚、蛤蜊、淡菜、白酒，將食材煮熟。

3. 將 A 下鍋，讓油與水混勻並乳化。放入百里香後關火，將鑄鐵平底鍋放進預熱 210℃的烤箱當中烤 10 分鐘。

4. 從烤箱中取出，以繞圈方式淋上剩餘的橄欖油。

法式鄉村肉凍
TERRINE DE CAMPAGNE

POINT

若使用 500 毫升容量的烤模，肉量總
共要 500 公克，以其他肉取代也可
以。各位可以替換成喜歡的肉類試試
看。

材料

一個 500 毫升陶罐（Terrine）的量

豬肩肉…350 公克

豬頸肉…150 公克

雞肝…50 公克

A ― 肉荳蔻、丁香、肉桂…各少許

牛奶…1 杯

培根…40 公克

洋蔥（中型）…1 顆

大蒜…2 瓣

B ― 打散的蛋液…1 顆的量

白酒…½ 大匙

干邑白蘭地…1 大匙

月桂葉…1 片

沙拉油…½ 大匙

做法

1. 將兩種豬肉放進食物調理機中打成絞肉，不須打太細。調勻 A。

2. 雞肝浸泡牛奶 1 小時，以食物調理機攪打成泥狀。

3. 平底鍋底刷上一層油，放入切成碎末的洋蔥、大蒜快速翻炒。

4. 將 1 放入大碗中，搓揉至出現黏性後，放入 B、2、3。

5. 在烤模內側鋪上培根，一邊排除空氣一邊將 4 裝入其中。上方放上月桂葉，包上保鮮膜後放進冰箱冷藏一個晚上。

6. 將烤模放在盛裝熱水的烤盤中。蓋上蓋子，放進預熱 160℃的烤箱當中蒸烤 30 分鐘。拿掉蓋子後再烤 30 分鐘。以溫度計測量，烤到肉的中心部分達到 65℃。

7. 烤好後取出放涼，將肉凍從烤模中取出，放入冰箱冷藏。冰過之後可切為適當大小食用。

雙重風味的沙嗲雞肉串
CHICKEN SATAY

材料

（2人份）

A
雞絞肉…250 公克

魚露…1 小匙

檸檬汁…4 小匙

麻油、醬油、花生奶油…各 2 小匙

辣椒粉…1 小匙

洋蔥（磨成泥狀）…少許

大蒜（磨成泥狀）…1 瓣的量

B
水…$\frac{1}{2}$ 杯

砂糖、醋…各 3 大匙

大蒜（切細碎）…2 瓣的量

辣椒（切細碎）…2 根的量

鹽、太白粉…各適量

做法

1. 將 A 放入食物調理機中攪打成泥狀。若太濃稠，倒入麻油作調整。打好後倒至容器待用。

2. B 下鍋煮，以鹽、魚露調味。加入太白粉勾芡，盛入其他容器待用。

3. 雞肉灑上鹽、太白粉，搓揉至出現黏性。將雞肉捏成細長形，以竹籤貫串，用烤麵包機烤到表面呈現焦色。

4. 盛盤。將 1、2 分別裝在小碟子上作為沾醬，與肉串一同享用。

炒墨魚 & 甜醋漬櫛瓜

BRAISED SQUID AND PICKLED ZUCCHINI

材料

（2 人份）

獅子唐青椒仔（Shishito）、
萬願寺甜辣椒等等…10 根

櫛瓜…1 根

彩椒…1 個

墨魚…300 公克

大蒜（切細碎）…1 瓣的量

白酒…½ 杯

A
大蒜…2 瓣

葡萄酒醋…1 杯

砂糖…50 公克

月桂葉…1 片

橄欖油…適量

做法

---

1. 鍋中放入 A 煮至沸騰，加入獅子唐青椒仔、萬願寺甜辣椒、櫛瓜稍微燉煮一下。關火後讓溫度降到常溫，再放進冰箱冷藏。

2. 彩椒放入預熱 200℃ 的烤箱，烤到表面焦黑。剝除外皮與種子，切為 0.5 公分寬的細條狀。

3. 去除墨魚的內臟，切為 1 公分寬的圓圈狀。去除墨汁。平底鍋倒橄欖油加熱，大蒜下鍋炒到飄出香味。墨魚下鍋，倒入白酒快速燉煮。

4. 盛盤。放上 2 的彩椒。將 1 裝入其他容器當中。

POINT
這兩道菜常見於法國與西班牙的料理
當中。很下酒！

烤橙片橄欖油漬沙丁魚

CRUMBED SARDINES WITN ORANGE

材料

(2 人份)

油漬沙丁魚罐頭…1 罐　　香芹…1 枝

柳橙…$\frac{1}{2}$ 顆　　　　鹽…少許

麵包粉…1 大匙　　　橄欖油…適量

大蒜…1 瓣

做法

---

1. 將柳橙切為 0.5 公分厚的薄片，排放在耐熱容器裡。橙片上面擺放油漬沙丁魚，灑上麵包粉。再放入以刀面壓碎的大蒜，以繞圈方式淋上橄欖油。

2. 放入預熱 200℃的烤箱當中烤 10 分鐘。自烤箱中取出，灑些切碎的香芹，以鹽調味。

> **POINT**
> 能迅速上桌的小酌下酒菜。柳橙與沙丁魚非常搭。

酥炸海鮮與櫛瓜

FRITTO

材料

（2 人份）

墨魚…300 公克
草蝦…6 隻
櫛瓜…1 根
檸檬…1 顆
羅勒（可省略）…適量

A
麵粉…200 公克
蛋黃…1 個
牛奶、啤酒…各 $\frac{1}{4}$ 杯
鹽…1 小撮

鹽…適量

做 法

1.　在大碗中調勻 A，放進冰箱冷藏 30 分鐘。

2.　墨魚切為 1 公分寬的圓圈狀，櫛瓜切為長方形的薄片。蝦子去除蝦殼
　　與蝦泥。在墨魚、櫛瓜、蝦子上灑鹽，均勻裹上 1。

3.　將鍋中的油（未包含在材料份量內）加熱到 160℃，放入 2 炸得酥脆。

4.　盛盤，擠上檸檬汁。擺上羅勒裝飾。

蛤蜊白腰豆番紅花湯

CLAM, WHITE BEAN
AND SAFFRON SOUP

材 料

（2 人份）

―――――

蛤蜊…20 個   番紅花…1 小撮

白腰豆（水煮）…$\frac{1}{2}$ 杯 白酒…$\frac{1}{2}$ 杯

大蒜…1 瓣   鹽…少許

熱水…$\frac{1}{4}$ 杯   橄欖油…1 大匙

做 法

―――――

1. 熱水中放入番紅花，靜置 15 分鐘待顏色釋出。

2. 平底鍋倒橄欖油加熱，放入以刀面壓碎的大蒜翻炒。待炒出香味，倒入白酒，放入白腰豆與 1 加熱。

3. 待蛤蜊開殼，以鹽調味後即可盛盤。

POINT
番紅花的色彩與香氣讓人口水直流。來杯白酒佐餐吧！

番茄小火鍋
TOMATO NABE

（2 人份）

A	蛤蜊…20 個
	鱈魚切塊…4 塊
	明蝦…4 隻
	番茄泥…1 杯

山茼蒿…1 把
大蒜（切細碎）…1 瓣的量
橄欖油…1 大匙

做 法

1. 平底鍋倒橄欖油加熱，放入大蒜炒出香味。

2. 放入 A 燉煮，待蛤蜊開殼，加入切為 5 公分長的山茼蒿煮熟即完成。

POINT
鍋中食材吃完後，可以放入未煮過的
乾義大利麵，煮出一鍋美味的「海鮮
義大利麵」。

沙丁魚淋橄欖醬

SARDINES WITH OLIVE TAPENADE

材料

（2 人份）

———

沙丁魚罐頭…1 罐

A
├ 黑橄欖（去籽）…$\frac{1}{2}$ 杯
│ 大蒜…1 瓣
│ 橄欖油…$\frac{1}{4}$ 杯
└ 鹽…少許

做法

———

1. 將 A 放入食物調理機中攪打成泥狀。

2. 沙丁魚盛入盤中，淋上 1。

POINT

將黑橄欖醬抹在法國麵包上或是用於沙拉當中都相當好吃。

柚子胡椒酪梨餅乾

AVOCADO CRACKERS

材料

（2人份）

———

小型的蝦子⋯24隻　　大蒜（磨成泥狀）⋯½小匙

酪梨⋯1顆　　　　　　餅乾⋯6片

鮭魚子⋯2大匙　　　　蒔蘿⋯適量

柚子胡椒⋯1小匙

做法

———

1. 鍋中煮沸熱水（未包含在材料份量內），蝦子去殼後快速下鍋汆燙。取出放涼至常溫後，放入冰箱冷藏。

2. 將切為適口大小的酪梨、柚子胡椒、大蒜以食物調理機攪打成泥狀。

3. 打好的2抹在餅乾上，再放上蝦子、鮭魚子，以蒔蘿點綴。

> **POINT**
> 柚子胡椒與酪梨意外地超合拍！很適合用來招待客人。

鹽烤鮮蝦

GRILLED SHRIMPS

（2 人份）

————

明蝦⋯8 隻

鹽⋯少許

檸檬⋯適量

做 法

————

1.　蝦子剝殼後，插上烤串。

2.　用麵包機將蝦烤熟。盛盤，灑上鹽、擠些檸檬汁即可。

POINT

非常簡單的即席下酒菜。使用特選的鹽，完成這道超讚的料理。

PART
5

假日的奢華早餐

悠閒的假日早餐，
想款待自己一番。
比起平日更多花些心力，
製作出美味的早餐。

紫高麗菜牛肉三明治

BEEF AND PURPLE CABBAGE SANDWICH

材料

（2 人份）

紫高麗菜…¼ 顆

牛肉薄片…200 公克

吐司麵包…2 片

萵苣生菜…3 片

美乃滋…1 大匙

水煮蛋…1 顆

A ─ 葡萄酒醋…1 大匙
    └ 藏茴香、蜂蜜…各 1 小匙

鹽、胡椒…各少許

沙拉油…適量

做法

---

1. 紫高麗菜切細絲，放入大碗中，加鹽後徹底拌揉。瀝除高麗菜
   釋出的水分，與 A 拌勻後放入冰箱冷藏 1 小時。

2. 牛肉均勻抹上鹽、胡椒。平底鍋倒油加熱，牛肉下鍋煎至表面
   呈現焦色。

3. 吐司鋪上萵苣生菜，抹上美乃滋。將剖半的水煮蛋、2、1 鋪
   放其上，再蓋上另一片吐司即完成。

鮮蝦班尼狄克蛋

EGGS BENEDICT WITH SHRIMPS

（2 人份）

———

小型的蝦子…8 隻　　　　　　醋…3 大匙

英式瑪芬麵包…1 個　　　　　　蒔蘿…適量

雞蛋…3 顆　　　　　　　　　　鹽、檸檬汁…各少許

奶油（已溶化）…40 公克

做 法

———

1.　將一顆蛋的蛋黃分離出來並置於容器中打發，以較大的鍋子裝盛
　　60℃的熱水（未包含在材料份量內），並將裝有蛋黃的容器放在
　　大鍋中，一邊隔水蒸一邊攪拌蛋黃。待蛋黃變得濃稠，加入奶油，
　　再以鹽、檸檬汁調味。

2.　鍋中煮沸熱水（未包含在材料份量內），加醋。將兩顆蛋分別打
　　入兩個小容器中，緩緩倒入熱水。待蛋變得凝固，將蛋撈起放入
　　冰水中冷卻。快速將蝦子燙熟，再浸泡冰水。

3.　瑪芬麵包用麵包機烤過後，放上煮好的蛋，再淋上 1。放上蝦子，
　　再以蒔蘿裝飾。

POINT
很適合假日早上的優雅早餐。

高塔三明治

TOWER SANDWICH

（2 人份）

———

番茄…1 顆　　　　雞蛋…2 顆　　　　草蝦…8 隻

酪梨…$\frac{1}{2}$ 顆　　　美乃滋…1 大匙　　萵苣生菜…4 片

紫洋蔥…$\frac{1}{4}$ 顆　　麵包…12 片　　　乳酪片…2 片

醃黃瓜…1 個　　　火腿…6 片

做 法

———

1.　番茄、酪梨、紫洋蔥、醃黃瓜切為 0.5 公分厚的薄片。

2.　鍋中煮沸熱水（未包含在材料份量內），雞蛋下鍋煮 10 分鐘。撈起剝殼後放入大碗中，將蛋壓碎並與美乃滋拌勻。快速將蝦子燙熟。

3.　依以下順序將半量的食材鋪在麵包上：火腿與萵苣生菜、蛋與醃黃瓜、酪梨與蝦子、紫洋蔥與火腿與萵苣生菜、番茄與乳酪片。取叉子從上貫串整體。之後再以剩餘食材製作另一份三明治。

POINT
視覺效果超震撼的高塔三明治。請調整好平衡，別讓三明治倒下來。

小鐵鍋鬆餅佐腰果奶油
DUTCH BABY

（2 人份）

———

生的腰果…1 杯

豆漿…½ 杯

蜂蜜…2 小匙

A

麵粉…35 公克

牛奶…¼ 杯

雞蛋…1 顆

鹽…1 小撮

奶油…少許

隨喜好選擇莓果類…適量

糖粉…適量

做 法

———

1. 腰果浸泡冷水（未包含在材料份量內）靜置一晚。

2. 腰果、豆漿、蜂蜜放入食物調理機中攪打成泥狀，若太濃稠可再
   倒入豆漿，讓質感更滑順。

3. 在大碗中拌勻 A，倒入鑄鐵平底鍋中。放入預熱 180°C的烤箱中
   烤 20 分鐘。

4. 自烤箱中取出平底鍋，放上莓果，灑上糖粉，沾上 2 一同享用。

法式薄餅佐
瑞可達乳酪與杏桃果醬
RICOTTA AND APRICOT GALETTE

材 料

（2 人份）

———

蕎麥粉⋯40 公克　　　　雞蛋⋯1 顆

瑞可達乳酪⋯2 大匙　　　牛奶、水⋯各 $\frac{1}{4}$ 杯

杏桃果醬⋯適量　　　　　檸檬⋯依喜好調整

鹽⋯1 小撮　　　　　　　沙拉油⋯適量

做 法

———

1. 蕎麥粉與鹽過篩後，放入大碗中。在另一個碗中拌勻雞蛋、牛奶、水，
   並少量逐次倒入裝有蕎麥粉的碗中，一邊倒一邊攪拌。麵漿拌勻後，
   放入冰箱冷藏一晚。

2. 平底鍋倒油加熱，倒入半量的 1。用繞圈搖鍋的方式，讓麵漿均勻地薄
   薄鋪滿鍋底。待餅皮呈現焦色，將四邊往內折成正方形，盛盤。重覆
   此步驟，用剩下的麵漿再煎出一張餅皮盛盤。

3. 餅皮放上瑞可達乳酪與杏桃果醬。依個人喜好可擠些檸檬汁。

POINT
若放上火腿、乳酪，就變身為鹹食薄餅。

孜然蜂蜜豬肉三明治

CUMIN AND HONEY PORK SANDWICH

材料

（2 人份）

吐司麵包…3 片

胡蘿蔔…1 根

豬里肌肉…2 片

萵苣生菜…3 片

番茄…1 顆

醃黃瓜、孜然粉…適量

A ⎡ 鹽…少許

孜然粉…2 小匙

柳橙果醬…1 小匙

⎣ 葡萄酒醋…1 大匙

B ⎡ 黃芥末籽…2 小匙

蜂蜜…1 小匙

大蒜（磨成泥狀）…$\frac{1}{2}$ 小匙

⎣ 鹽…少許

奶油乳酪…1 大匙

橄欖油…適量

做 法

---

1. 大碗中放入切絲的胡蘿蔔、A 拌勻後，冷藏 1 小時。

2. 豬肉表面塗抹調勻的 B，再均勻抹上孜然粉。平底鍋倒橄欖油加
   熱，豬肉下鍋煎熟。

3. 番茄切為 1 公分寬的薄片，醃黃瓜切為適口大小。吐司用麵包
   機烤過，取一片吐司抹上奶油乳酪，放上萵苣生菜與 1。再疊上
   吐司，放上醃黃瓜、2、番茄，最後再蓋上吐司。

熱優格

HOT YOGURT

材料

（2 人份）

優格…1 杯　　　　羅勒…10 片

雞蛋…2 顆　　　　鹽、醋…各少許

辣椒…1 根　　　　橄欖油…$\frac{1}{4}$ 杯

做法

---

1. 烤箱預熱到 180℃後，關掉電源。將置於耐熱容器的優格放入烤箱，利用餘熱加熱。

2. 鍋中煮沸熱水（未包含在材料份量內），加醋。雞蛋各別打入不同杯子中，緩緩倒入熱水。待雞蛋凝固便可撈起。辣椒切碎後放在容器中，倒入橄欖油醃漬。

3. 將 1 從烤箱中取出，倒入 2 的蛋，以鹽調味。淋上加了辣椒的橄欖油，再以羅勒裝飾。

香草法式吐司

VANILLA FRENCH TOAST

（2人份）

隨喜好選擇麵包…2片　　牛奶…¹⁄₂杯

草莓…6顆　　　　　　香草精…2滴

藍莓…50公克　　　　　楓糖漿…適量

蛋黃…1個　　　　　　橄欖油…適量

做 法

----

1. 大碗中放入蛋黃、牛奶並拌勻。加入香草精。

2. 麵包沾裹1。平底鍋倒橄欖油加熱，麵包下鍋煎至表面呈現焦色。

3. 盛盤，放上切為0.3公分厚的草莓與藍莓，淋上楓糖漿。

POINT

若在1當中加入砂糖，煎的時候容易使麵包變焦，所以沒有加糖，改為最後淋上楓糖漿。

藍莓優格薄餅

BLUEBERRY AND YOGURT PANCAKE

材料

(2 人份)

———

藍莓…100 公克　　　　優格…5 大匙

低筋麵粉…100 公克　　牛奶…$\frac{1}{3}$ 杯

泡打粉…4 公克　　　　酸奶油…1 大匙

砂糖…20 公克　　　　　楓糖漿…適量

雞蛋…1 顆　　　　　　奶油…適量

做法

———

1.　大碗中放入低筋麵粉、泡打粉、砂糖並拌勻。再倒入雞蛋、
　　優格、牛奶後整體再攪拌一下。

2.　平底鍋放入奶油加熱，將 1 倒入鍋中，煎成圓餅狀。煎好後
　　盛盤，抹上酸奶油，放上藍莓。最後澆淋楓糖漿。

> POINT
> 酸奶油是冰箱當中不可或缺的絕佳常備食材。建議大
> 家一定要試試這道料理！

油漬沙丁魚三明治

OPEN SARDINE SANDWICH

（2 人份）

———

鄉村麵包或全麥麵包⋯2 片

紫洋蔥⋯$\frac{1}{6}$ 顆

油漬沙丁魚⋯6 尾

奶油乳酪、酸豆⋯各適量

鹽、胡椒、檸檬汁⋯各少許

做　法

———

1. 用麵包機將麵包烤至表面微焦。

2. 麵包抹上奶油乳酪，放上油漬沙丁
   魚，以及紫洋蔥、酸豆。以鹽、胡椒、
   檸檬汁調味。

> **POINT**
> 奶油乳酪搭配油漬沙丁魚、煙燻鮭魚等海鮮類食材都很合拍！

水果鬆餅
WAFFLE

（2 人份）

———

雞蛋…2 顆

細砂糖（Granulated Sugar）…1 大匙

牛奶…$\frac{1}{2}$ 杯

低筋麵粉…100 公克

糖粉…少許

隨喜好選擇水果、楓糖漿…各適量

奶油（無鹽／已溶化）…50 公克

做 法

———

1. 將蛋白與蛋黃分離。將蛋白與細砂糖放入大碗中，以手持攪拌器打出較硬的蛋白霜。

2. 蛋黃放入另一個大碗中，一邊加入奶油一邊攪拌，再倒入牛奶與低筋麵粉。最後放入 1，大致攪拌一下。倒入預熱的鬆餅機。

3. 取出煎好的鬆餅，盛盤後灑上糖粉。放上切為適口大小的水果，淋上楓糖漿。

POINT
加入蛋白霜，便可作出口感輕盈的鬆餅。

煙燻鮭魚
奶油乳酪三明治

OPEN SALMON AND CREAM
CHEESE SANDWICH

材料

（2 人份）

———

鄉村麵包或全麥麵包…2 片　　　　奶油乳酪、酸豆…各適量
煙燻鮭魚…6 片　　　　　　　　　鹽、胡椒、檸檬汁…各少許
紫洋蔥…¼ 顆

做法

———

1.　用麵包機將麵包烤至表面呈現焦色。紫洋蔥切為 0.3 公分寬的薄片。

2.　麵包抹上奶油乳酪，放上紫洋蔥、煙燻鮭魚、酸豆。以鹽、胡椒、檸檬汁調味。

綜合水果穀麥

GRANOLA

材料

（2 人份）

穀麥⋯200 公克

隨喜好選擇堅果⋯80 公克

葡萄乾⋯60 公克

牛奶、隨喜好選擇水果⋯各適量

A
- 楓糖漿⋯3 大匙
- 核桃油⋯2 大匙
- 肉桂⋯1 小匙
- 鹽⋯1 小撮
- 香草精⋯少許

做法

---

1. 將穀麥、堅果均勻鋪在烤盤上，放入預熱 160℃的烤箱中烤 20 分鐘。烤好後，與 A 拌勻。

2. 再將 1 鋪在烤盤上烤 20 分鐘。出爐前 5 分鐘加入葡萄乾。待表面烤得酥脆即關火。取出放涼至常溫。

3. 在深盤中倒入 2、牛奶、切為適口大小的水果。

酪梨乳酪三明治

OPEN AVOCADO SANDWICH

材 料

（2 人份）

———

鄉村麵包或全麥麵包…2 片

酪梨…1 顆

菲達乳酪（Feta Cheese，也可使用鄉村乳酪）…2 大匙

蜂蜜…2 小匙

鹽、粗粒黑胡椒…各少許

檸檬汁…適量

做 法

———

1. 用麵包機將麵包烤至表面微焦。酪梨不須削皮，沿著種籽周圍下刀切為圓片狀，將酪梨片從種籽上取下後再剝去外皮。

2. 麵包抹上菲達乳酪，放上酪梨片。以蜂蜜、鹽、粗粒黑胡椒、檸檬汁調味。

> POINT
> 有別於普通切法，把酪梨切成圓片狀，帶來新鮮的視覺感受。

愛不釋手的
食材

一再購入的愛用食材。
推薦給各位這些我在料理上不可或缺的物品。

馬爾頓煙燻海鹽
（Maldon smoked sea salt）

之前到倫敦時，朋友介紹給我這個英國牌子的
鹽。味道當然不在話下，雪花狀的結晶外形十
分吸引人。／購自鈴商

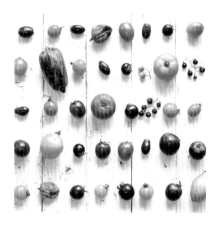

VEGI POOL 的蔬菜

在千葉縣有農地，從蔬菜種植到出貨都一手包
辦的產地直送商店。除了常見的蔬菜，也有些
從未看過的菜。照片名為「世上各種色彩鮮豔
的番茄種類～哈瓦那辣椒偷偷隱身其中」。
／購自 VEGI POOL

有機栽培 EX. V 橄欖油
「BARRANCA」

在無數橄欖油當中,是我最喜歡的一款。風味
清爽,在製作沙拉或炒菜的時候都是好幫手。
購自 Veritalia

常備香料

因為料理上用到香料的機率相當高,手邊經常
都要備著。其中使用頻率最高的孜然粉,在製
作醃胡蘿蔔絲與鷹嘴豆泥的時候都是必備的。
／作者私物

Epilogue

○ ○ ○

我在兩年前開始經營 Instagram。

原本是出於興趣而上傳自己的料理
照片，不知不覺間開始鑽研餐桌造
型，也越來越多單位會找我擔任料
理攝影講座的講師。

拍到帥氣好看的照片時、做出比外
表看起來更美味的料理時、看見有
人因為品嘗我的料理而露出喜悅表
情時……料理這件事，總為我帶來
嶄新的喜悅體驗。

若本書中介紹的料理能夠為各位的
餐桌增添一點樂趣，那就太好了。

LABOUR AND WAIT
LABOUR
AND
WAIT
TRADITIONAL
PRODUCTS
FOR THE HOME
OPEN

料理男子的幸福餐桌

作　　者—— pepe

譯　　者——林育萱

主　　編——林憶純

責任編輯——林謹瓊

內頁設計——張 巖

美術設計——張 巖

行銷企劃——許文薰

第五編輯部總監——梁芳春

發行人——趙政岷

出版者——時報文化出版企業股份有限公司

　　　　10803 台北市和平西路三段 240 號 7 樓

　　　　發行專線：（02）2306-6842

　　　　讀者服務專線：0800-231-705、（02）2304-7103

　　　　讀者服務傳真：（02）2304-6858

　　　　郵撥：19344724 時報文化出版公司

　　　　信箱：台北郵政 79 ～ 99 信箱

時報悅讀網—— www.readingtimes.com.tw

電子郵箱—— history@readingtimes.com.tw

法律顧問——理律法律事務所　陳長文律師、李念祖律師

印　　刷——和楹印刷股份有限公司

定　　價——新台幣 300 元

初版一刷—— 2018 年 1 月 12 日

SHOP LIST
ARIGATOU GIVING　TEL:03-3495-5805
ALESSI SHOP 青山店 TEL:03-5770-3500
A&F TEL:03-3209-7579
M.SAITo Wood WoRKS TEL:090-4697-4919
Zakkaworks　TEL:03-32958787
SCANDEX　TEL:03-3543-3453
鈴商　TEL:03-3225-1161
SEMPRE 青山店 TEL:03-5464-5655
W Mail:atelier@winc.asia
Cherry Terrace 商店 TEL:0120-425668
VEGI POOL　TEL:047-470-0125
Veritalia　TEL:084-931-3510
※ 以上皆為日本的電話號碼，如須聯絡請加上日本國碼。

時報文化出版公司成立於一九七五年，
並於一九九九年股票上櫃公開發行，於二○○八年脫離中時集團非屬旺中，
以「尊重智慧與創意的文化事業」為信念。

料理男子的幸福餐桌 / pepe 著；林育萱譯 .-- 初版 . – 臺北市：時報文化，
2018.01　面；　公分
ISBN 978-957-13-7226-6(平裝)
1. 食譜
427.1　　　106021297